兰

向日葵

木槿

矢车菊

玫瑰

樱

绣球

荀

花的国度

——跟着花儿去旅行

[西] 米娅·卡萨尼/文

[西] 卢西亚诺·罗萨诺/绘

赵文伟/译

清华大学出版社

北　京

北京市版权局著作权合同登记号　图字：01–2020–6435

Text © 2018 Mia Cassany
Illustration © 2018 Luciano Lozano
Originally published in 2018 by Mosquito Books Barcelona, SL. under the title "Territorio Flor"
Simplified Chinese edition arranged through Ye ZHANG Agency
Simplified Chinese edition published by Tsinghua University Press Limited,
Copyright © 2021

图书在版编目（CIP）数据

花的国度：跟着花儿去旅行 /（西）米娅·卡萨尼文；（西）卢西亚诺·罗萨诺绘；
赵文伟译. —北京：清华大学出版社，2022.3
　ISBN 978–7–302–59741–4

Ⅰ.①花… Ⅱ.①米…②卢…③赵… Ⅲ.①花卉—文化—世界—通俗读物 Ⅳ.①S68–49

中国版本图书馆CIP数据核字（2021）第280454号

责任编辑：李益倩
封面设计：鞠一村
责任校对：王荣静
责任印制：杨　艳

出版发行：清华大学出版社
　　　网　　址：http://www.tup.com.cn，http://www.wqbook.com
　　　地　　址：北京清华大学学研大厦A座　　邮　　编：100084
　　　社 总 机：010–62770175　　　　　　　邮　　购：010–62786544
　　　投稿与读者服务：010–62776969，c–service@tup.tsinghua.edu.cn
　　　质量反馈：010–62772015，zhiliang@tup.tsinghua.edu.cn
印 装 者：当纳利（广东）印务有限公司
经　　销：全国新华书店
开　　本：250mm×320mm　　　　　　　印　　张：5.5
版　　次：2022年3月第1版　　　　　　　印　　次：2022年3月第1次印刷
定　　价：79.00元

产品编号：090729–01

写在前面的话

欢迎来到花的国度。

这本书讲的是爱与魅力：人类一直以来对花的爱，以及在欣赏花的颜色、气味和形状时所感受到的魅力。

除了花本身，书里还讲到花的原产地、花语以及适合种植某种花的土壤和气候。因此，这是一场前往花的国度的旅行。

花令我们惊奇的不只是多样的颜色、大小、形状和品种，还有其他方面。可以这么说，花与人如影随形。我们用花来美化居住环境，改善空气质量，用花来做衣服、烹调、治病，花还可以为我们传递信息等。

如果你愿意的话，我们可以去遥远的地方，也可以去很近的地方。我们在很多地方都会看到花的美，会发现它们的秘密语言，会知道用它们来做什么，也会了解在哪种场合送哪种花。

也许你不止一次这样想：看哪，多漂亮的花！很多人都喜欢花，但如果你踏上这趟旅程，你会了解更多的东西：花会吃，会喝，会闻，会笑，会哭；花会说我爱你，我恨你，我想你，我是你的朋友，我想见你；花会参加婚礼、舞会、聚会，还会在悲伤的时刻出现。而且，很多国家都有自己的国花。

菊

在中国，菊花是花中四君子（梅兰竹菊）之一。陶渊明曾写有"采菊东篱下，悠然见南山"的名句。中国人在重阳节有赏菊和饮菊花酒的习俗。孟浩然曾写有"待到重阳日，还来就菊花"的诗句。

菊花很晚才传入欧洲和日本。日本人很喜欢这种漂亮的花。菊花是日本皇室的象征，天皇在盛大的仪式上坐的宝座被称作菊花宝座。

菊花有很多种颜色，比如白色、紫色、黄色、绿色和粉色等。有的菊花有两种以上的颜色。

学名：Chrysanthemum

原产地：中国

- 株高可达1.5米，通常是25～30厘米；
- 花期从夏末一直持续到10月或11月。

花语

黄色的菊花代表爱。

白色的菊花在中国有哀挽之意，在日本代表诚实。

红色的菊花代表欢乐、喜庆、热烈等。

学名：Hydrangea macrophylla

原产地：中国、韩国、日本、印度尼西亚、喜马拉雅山区

- 属于落叶小灌木；
- 花期从春天持续到秋天；
- 基本用途为园艺；
- 株高通常是20～200厘米。

花语

绣球代表女性的气质魅力和优雅风度，也代表力量。但是在有些国家，绣球有消极的含义，象征冷淡和冷漠无情。

在中国，绣球象征希望、健康和美满等。

绣球

绣球在初开时是绿色，然后逐渐转为其他鲜艳的颜色，主要有蓝色和粉红色等。

绣球是一团团、一簇簇的，被称作伞形花序。它是常见的盆栽观赏花卉。在公园里，绣球常成片栽植，形成一片片色彩鲜艳的花丛。

在中国，绣球又叫八仙花，相传是由八仙播撒的花种。人们看到花团锦簇的鲜花绚丽多彩，便称此花为八仙花。

樱

　　樱花在日本很受欢迎，是日本精神的象征。在日本，这种美丽的花被叫作Sakura。

　　樱花通常在春天开放，每年3—4月日本人会去观赏樱花，这形成了日本的一种民间习俗——Hanami（花见），意思是"赏花"。这一天，家人或朋友们在草地上聚会，在樱花树下分享食物，做游戏等。一片片樱花就像白色或粉色的云。

　　在西班牙埃斯特雷马杜拉地区的赫尔特山谷，大自然每年都会上演一场樱花盛开的奇迹表演。

花语

　　樱花在春天开花便暗示了它的意义。它代表重生、希望和新的生命，还代表纯洁的爱情。

学名：Cerasus

原产地：亚洲温带、欧洲和北美洲

- 属于乔木；

- 在春天开放；

- 樱桃树和樱花树都属于蔷薇科，但属于不同的物种。

鹤望兰

鹤望兰，也被称作天堂鸟花或极乐鸟花，它的外形看起来很像鸟。如果站在远处看，你一定会觉得奇怪，一只鸟怎么会站在花草中一动不动？观赏鹤望兰是一种难得的享受，从名字也可以感受到它的高雅。它是世界名花，是大自然中的"不可言喻"之花。

鹤望兰原产于非洲南部，喜欢温暖、湿润、阳光充足的环境，但它也能很好地适应其他气候条件。因此，它在很多不是极端气候的地区也很常见。鹤望兰不耐寒，也不耐酷热，但它在多风地区，比如沿海地区生长得很好。

鹤望兰还有很多其他的名字，比如小鸟花、火鸟花或星星花。

从9月到次年5月，鹤望兰可以多次开花。不过，它的种子发芽率低，第一次开花往往需要3—5年。因此，这种花十分珍贵。

学名：Strelitzia reginae
原产地：非洲南部

- 它有橙黄色的萼片，看上去像鸟类的喙；
- 株高可达1.2米；
- 主要用于观赏。

花语

这是一种极其特别的花，在很多非洲部落，它只属于酋长。在西班牙，这种花象征慷慨，代表了不屈的性格，也代表非常强的创造力。在中国，这种花象征人们对美好生活的向往，也寓意不要忘记相爱的人。

百合

　　很多花卉爱好者都喜欢白色的百合。其实，百合的花色有很多，比如橙色、红色、黄色、紫色等。然而，百合最显著的特征并不是它的颜色，而是它芬芳浓郁的香气。闻过百合的人都不会忘记它那令人印象深刻的香味。

　　法国人很喜欢百合。百合的图案从中世纪早期开始就出现在法国的盾徽、纹章和文件上。

花语

　　在中国，百合有"百年好合""百事合意"的意思，是婚礼中必不可少的吉祥花卉。白色的百合还象征纯洁、崇高的精神，以及纯真和爱；蓝色的百合象征信任、忠诚和温柔；黄色的百合象征活力和欢乐。

学名：Lilium
原产地：欧洲、北美、日本、印度、菲律宾

- 株高通常是60～90厘米；

- 通常有6个花瓣；

- 基本用途为装饰和园艺；

- 有药用价值，对治疗哮喘病和支气管炎有一定的疗效。

矢车菊

矢车菊，也叫蓝芙蓉，在德国的草地、路边和山坡上十分常见。尽管外表不太起眼，但它的花很美。

矢车菊是德国和爱沙尼亚的国花，以其浓郁的蓝色和花茎又长又壮著称。它是美国前总统约翰·肯尼迪最喜欢的花。在捷克，有一位老奶奶，她用很细的画笔和矢车菊蓝色的颜料在村子里每家的外墙上都画上了美丽的花卉图案。她希望家乡像花一样迷人，并因此感到快乐。

学名：Centaurea cyanus

原产地：欧洲和西亚

- 株高可达2米；

- 药用价值很高，可以用来治疗红眼病；

- 用于制成化妆品，比如卸妆液和洗发水。

花语
矢车菊象征遇见爱情，以及优雅与力量。在德国，它代表爱国、乐观、顽强，有吉祥之兆。

荷

荷花，又名莲花、水芙蓉等。它是一种水生植物，茎可以长得很长。

荷花的花很大，非常美丽，颜色通常比较浅，有粉色、黄色、白色等。

北宋的周敦颐曾写有"出淤泥而不染，濯清涟而不妖"的名句，荷花在中国被称为"君子之花"。

学名：Nelumbo nucifera
原产地：印度、中国、俄罗斯、美国

- 荷叶很大，直径可达70厘米；

- 花期是6—9月；

- 藕和莲子可以食用；

- 荷叶、花、根茎等均可以入药。

花语

在中国和印度等国家，荷花被认为是一种神圣的植物。在中国，荷花象征纯洁、清白、高尚等，是品德高尚之花。

兰

兰花的显著特点是其丰富的种类和颜色，但它有一种可能不为人所知的优点，那就是非同寻常的适应能力。有些兰花会生长在树上、水中或地下。

兰花有几十种颜色，常见的是白色、粉红色和淡紫色。

学名：Orchidaceae
原产地：除南北两极外的所有大陆

● 茎很长，通常是13～75厘米；
● 主要用于园艺和装饰。

花语

兰花通常意味着诱惑。当一个人想让另一个人知道他已经坠入爱河，想有更多的时间和她在一起时可以送兰花。

西番莲

西番莲学名的意思是热情之花。它原产于南美洲，传到欧洲是因为它的美丽和特性吸引了西班牙耶稣会传教士的注意。

西番莲是一种巨大的攀缘植物，如果种在垂直的墙面上，它可以长到6~7米高。西番莲种类很多，花色鲜艳且丰富，但是最有名的是深紫色的花。

学名：Passiflora

原产地：南美洲

- 紫色西番莲来自巴西，可以结出非常受欢迎的水果：百香果；

- 广泛应用于医学，具有一定的镇静和抗抑郁的作用，也有助于治疗
  睡眠障碍和焦虑。

> **花语**
>
> 西番莲象征信仰、虔诚和憧憬。

向日葵

向日葵看上去很神奇，花和茎长得不成比例，花开时很像太阳。它一直朝向太阳并随着太阳转动，好像不想错过一缕阳光！

花语

向日葵象征阳光、明亮、快乐，勇敢地追求幸福，热爱生活。

学名：Helianthus annuus

原产地：中美洲和北美洲

- 株高通常2~6米，有些矮的品种只有40厘米；

- 在夏天太阳直射最强的时候开花；

- 用途：食用（葵花子、油）和药用（种子、花盘、叶、茎、根等均可入药）；茎还可以用来造纸。

滨菊

滨菊生长在世界各地，草地上总会出现它的身影。它不是最惹眼的花，颜色也并非变幻无穷。野生滨菊最常见的是白色。它有细长、扁平的花瓣和黄色的花蕊，这使滨菊成为朴素、谦卑而又典雅的花。

滨菊是典型的草坪花卉，喜欢阳光和湿润的土壤。

学名：Chrysanthemum leucanthemum

原产地：北非、欧洲和中东

- 株高通常是0.15~1米；

- 多年生草本植物，冬天不会落叶；

- 春天开花，一直开到初冬；

- 主要用于园艺。

花语

滨菊象征友谊、真诚和信任。它适合送给朋友，表达自己对朋友的信任和重视，希望增进彼此的感情。

玫瑰

  玫瑰可能是最常见的花了。地球上有100多种玫瑰，它的颜色几乎无穷无尽。玫瑰是美国的国花，许多品种来自那里。英国的国花也是玫瑰。有一种红玫瑰和白玫瑰相结合的徽章花纹叫都铎玫瑰，名字源于都铎王朝。

  玫瑰分为三大类：丛生灌木、直立灌木和攀缘灌木。玫瑰最显著、最奇特的特征之一是茎上长有刺，象征美丽与严肃同在。

学名：Rosa

原产地：亚洲

- 株高通常是2 - 5米；

- 需要充足的阳光和排水良好的潮湿土壤；

- 基本用途为装饰、馈赠、制作香水和园艺等。

花语

玫瑰代表爱，但是不同的颜色有不同的含义。红色象征爱情和浪漫；白色象征纯真；粉色象征优雅、感恩和喜悦；黄色象征友谊、消逝的爱、等待和幸运等。

康乃馨

康乃馨是西班牙的国花。鲜艳的颜色、向阳的喜好、浓郁的香味以及它与西班牙许多传统节日和舞蹈的关系，使康乃馨成为西班牙著名且颇受欢迎的花。在有些国家的婚礼场合，新郎的亲戚都会在钮扣眼里插一朵康乃馨。这种花也经常用来装饰弗拉明戈舞者的头发。

康乃馨最常见的颜色是红色和粉色。此外，还有双色、带斑点和条纹图案的。

学名：Dianthus caryophyllus
原产地：地中海地区

- 主要在春天和夏天开花；
- 不耐严寒和霜冻；
- 基本用途为园艺、装饰、制造香水等；
- 可药用，用于清热解毒和缓解眼部疲劳等。

花语

康乃馨在世界许多国家中常作为献给母亲的花。红色康乃馨象征深爱和钦佩；粉色康乃馨象征感谢和母爱；白色康乃馨象征纯洁的爱和纯真。

郁金香

郁金香是荷兰的国花，有"花中皇后"的美誉。这种花大部分都是在荷兰种植并销往世界各地。

郁金香是从土耳其和伊朗传到荷兰的。这种美丽的花很快受到荷兰人的追捧，并成为时尚的一部分。郁金香现在大约有8000多个品种，颜色多种多样。它是著名的球根花卉，母球周围会生出鳞茎，花就是从埋在土里的鳞茎上长出来的。

学名：Tulipa

原产地：亚洲和欧洲

- 株高通常是25～60厘米；
- 早熟的郁金香在2月开花，晚熟的郁金香在4—5月开花；
- 基本用途为花艺和装饰。

花语

和玫瑰花一样，郁金香通常象征爱情，但是不同的颜色有不同的含义。红色代表喜悦、热烈的爱；黄色代表友谊、开朗；白色代表纯洁与和平。

木槿

木槿的花很大，喇叭形，颜色各异，且令人惊奇，有白色、黄色、深红色、淡紫色……

木槿不仅因其美丽的颜色闻名，它在埃及和苏丹被用来制作成一种广泛饮用的茶，它也被用来制作成一种饮料，在拉丁美洲很受欢迎。黄木槿是夏威夷最具代表性的花。

学名：Hibiscus

原产地：东南亚、南美热带地区、夏威夷

- 主要生长在热带和亚热带地区；

- 株高可超过2米；

- 除了园艺和装饰，它还被广泛用于制作食品；

- 它被称为天然药物，花、果、根、叶和皮都可以入药；

- 花茎可以用来造纸。

花语

木槿是自然与人体美的象征。它还象征着永恒的生命力，永远不变的爱意等。

水仙

水仙很小，很漂亮，而且具有传奇色彩。它的花期多变，根据天气和地区不同，从春天到秋天，人们都可以欣赏到水仙。不过，水仙不耐寒，不适应极端气候条件。

水仙的叶子细长，呈深绿色。它的花色多样，但最常见的是白色和黄色。

学名：Narcissus

原产地：地中海地区、中国和中亚

- 株高通常不超过40厘米；

- 和郁金香一样，水仙也是球根类花卉；

- 基本用途为观赏、园艺、制作香料等。

花语

在中国，水仙象征思念、团圆、纯洁、高尚等。

在西方，水仙的译意是"恋影花"。这来源于希腊神话中有个叫纳西索斯的美少年，他非常自恋，爱上了自己在水中的倒影，最后变成了水仙花。

31

多了解一点儿花语

今天，我们对花语知道得很少。通常，花是作为情侣、家人和朋友之间表达爱意的象征，或者作为一种表示感谢的礼物。

但是在大约两个世纪前，尤其是在英国的维多利亚时代，花语非常流行，而且变得复杂。

花语不仅包括送什么花，还包括把花摆在哪里，不同的场合佩戴什么花……

如果你喜欢花，可以多了解一些关于花的知识。

菊

水仙

滨菊

康乃馨

百合

西番莲

鹤望兰

郁金香